清华大学国家"985"二期人才培养建设项目

ZHU WENYI
SHANG QIAN
LI YU

ZHU WENYI STUDIO, SCHOOL OF ARCHITECTURE, TSINGHUA UNIVERSITY

广州白云文化中心城市设计构想

GUANGZHOU WELL

廣州米

清华大学建筑学院朱文一工作室
朱文一
商　谦
李　煜

清 华 大 学 出 版 社
TSINGHUA UNIVERSITY PRESS

创造羊城广州井

构想世界新地标

岁月广州

　　广州，简称穗，别称羊城、花城。广州是一座具有两千多年历史的文化名城，是国务院公布的第一批24座历史文化名城之一。广州地处中国南方，濒临南中国海，珠江入海口，毗邻港澳，地理位置优越，亦是"海上丝绸之路"的起点，被称为中国的"南大门"。广州全市面积7434.4平方公里，市区面积3718.8平方公里，全市人口773.48万（在籍），1004.58万（常住）（2007年年末）。

文字参见维基百科：广州　□图片根据陈碧信摄影《珠江夜色》制作. 参见：广州市旅游局编著. 广州. 北京：中国旅游出版社，2003

广州井概念
CONCEPT OF GUANGZHOU WELL

　　羊城八景的创新，体现在从主题到位置以及形态等方面。在主题方面，宋代重视水文化，元代关注山水之景，明代反映城区建设和贸易，清代则将神话融进景点，1963年注入了革命情怀，1986年添加了人文元素，2002年展示出广州的大规模城市建设。主题的变化呈现了千年广州城的变迁。

　　历次羊城八景的位置极富创意。例如，1986年增加的黄埔云樯位于广州城东20公里，2002年增加的莲峰观海则位于广州城东南30公里。位置的变化体现出羊城八景的灵动特性。

　　历次羊城八景形态迥异。规模上，小至雕塑，大至山水，尺度多变；时段上，从"双桥烟雨"到"红陵旭日"，景色多样；形象上，从亭台楼阁到树木花卉，包罗万象。形态的变化映射出羊城八景的大象无形。

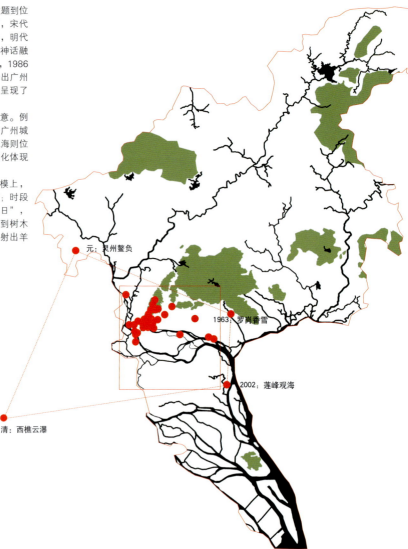

图1：历代羊城八景分布图

　　城市地标在广州城历史上就具有重要的意义，而"羊城八景"代表了各个时期广州城的城市地标。它最早源于宋代，仿效"潇湘八景"，选择当时最能代表广州城风貌的八个景点称为羊城八景，历经元、明、清各代，沿袭至今。

　　宋羊城八景覆盖整个广州地域。北有"灵州鳌负"，西有位于现佛山境内的"西樵云瀑"，南有"莲峰观海"，东有"罗岗香雪"，分布的区域所覆盖面积达1480平方公里。

　　羊城八景不断推陈出新，先后

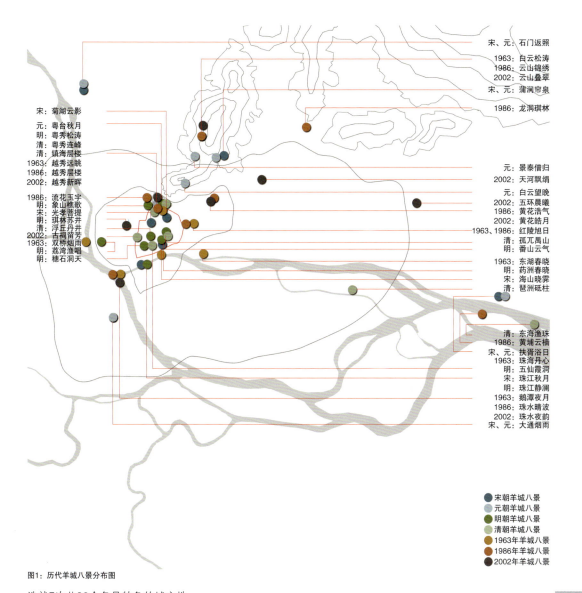

宋、元：石门返照

1963：白云松涛
1986：云山锦绣
2002：云山叠翠
宋、元：蒲涧帘泉

1986：龙洞琪林

宋：菊湖云影

元：粤台秋月
明：粤秀松涛
清：粤秀连峰
清：镇海层楼
1963：越秀远眺
1986：越秀层楼
2002：越秀新晖

元：景泰僧归
2002：天河飘绢

元：白云望晚
2002：五环晨曦
1986：黄花浩气
2002：黄花皓月
1963、1986：红陵旭日
清：孤兀禹山
明：番山云气

1986：流花玉宇
明：象山樵歌
宋：光孝菩提
明：琪林苏井
清：浮丘丹井
2002：古祠留芳
1963：双桥烟雨
明：荔湾渔唱
明：穗石洞天

1963：东湖春晓
明：药洲春晓
宋：海山晓霁
清：琶洲砥柱

清：东海渔珠
1986：黄埔云樯
宋、元：扶胥浴日
1963：珠海丹心
明：五仙霞洞
宋：珠江秋月
明：珠江静澜
1963：鹅潭夜月
1986：珠水晴波
2002：珠水夜韵
宋、元：大通烟雨

● 宋朝羊城八景
● 元朝羊城八景
● 明朝羊城八景
● 清朝羊城八景
● 1963年羊城八景
● 1986年羊城八景
● 2002年羊城八景

图1：历代羊城八景分布图

造就7次共38个各具特色的城市地
标，每次新景超过半数。可以认为，
创新，构成了羊城八景的灵魂。
　　"流动的八景，不老的广州"
正是羊城八景不断创新的写照。今
天的广州日新月异，新一轮的羊城
八景呼之欲出。

参见：http://gzdaily.dayoo.com/gb/
content/2002-07/26/content_549867.htm

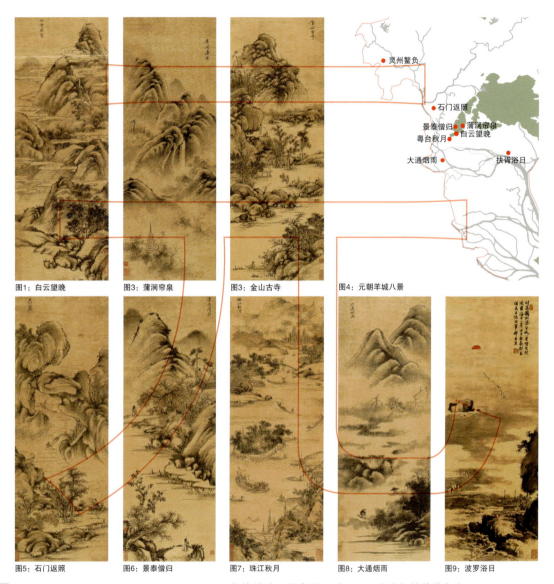

图1：白云望晚　　图3：蒲涧帘泉　　图3：金山古寺　　图4：元朝羊城八景

图5：石门返照　　图6：景泰僧归　　图7：珠江秋月　　图8：大通烟雨　　图9：波罗浴日

图1~3，图5~9：（明）高望公绘 □来源：广州
艺术博物院. 古今羊城八景萃集. 广州：广州出
版社，2006

元代的羊城八景都是山水之
景，白云望晚、蒲涧帘泉、景泰
僧归等均为白云山的景色，而石
门返照、珠江秋月、波罗浴日等
均为珠江的景色。一山，一水，
构成了元代广州城城市与自然和
谐共生的大格局，表达了"城在
景中"的美学意境。

　　新羊城八景，是否也应该体现
与自然的融合呢？

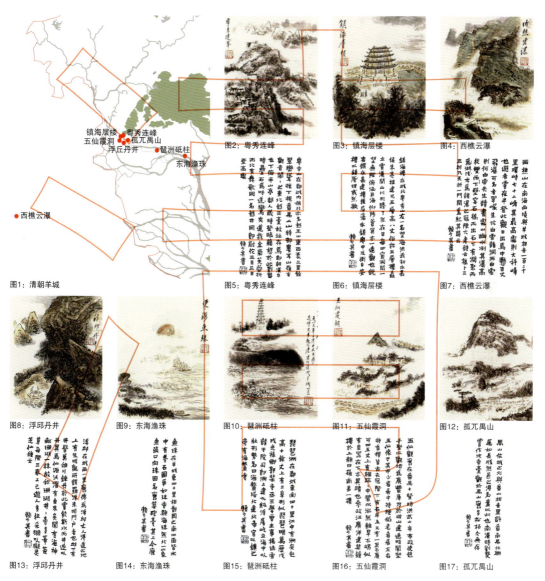

图1：清朝羊城
图2：粤秀连峰
图3：镇海层楼
图4：西樵云瀑

图5：粤秀连峰
图6：镇海层楼
图7：西樵云瀑

图8：浮邱丹井
图9：东海渔珠
图10：琶洲砥柱
图11：五仙霞洞
图12：孤兀禺山

图13：浮邱丹井
图14：东海渔珠
图15：琶洲砥柱
图16：五仙霞洞
图17：孤兀禺山

镇海层楼　粤秀连峰
五仙霞洞　　　孤兀禺山
浮丘丹井　　琶洲砥柱
　　　　东海渔珠

西樵云瀑

　　　清代的羊城八景将神话传说
融入景点，"五仙霞洞"表达了五
羊传说的来历，也为广州城增添了
几分人间仙境的意境，留下的"羊
城"美名传诵至今。新羊城八景，
如何表达今天广州城市发展"三年
一大变"的建设成就呢？

9

图2~4，图8~12：唐云绘；图5~7，图13~17：
赖少其书。□来源：广州艺术博物院．古今羊城
八景萃集．广州：广州出版社，2006

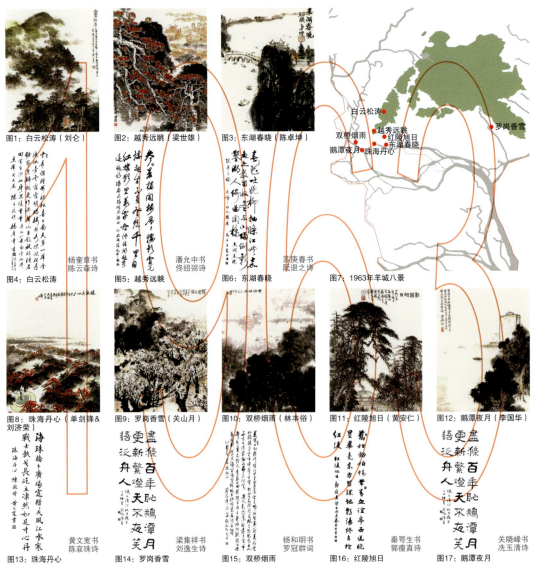

图1：白云松涛（刘仑）

图2：越秀远眺（梁世雄）

图3：东湖春晓（陈卓坤）

杨奎章书
陈云森诗

图4：白云松涛

潘允中书
佟绍弼诗

图5：越秀远眺

苏庚春书
阮退之诗

图6：东湖春晓

图7：1963年羊城八景

图8：珠海丹心（单剑锋&刘济荣）

图9：罗岗香雪（关山月）

图10：双桥烟雨（林丰俗）

图11：红陵旭日（黄安仁）

图12：鹅潭夜月（李国华）

黄文宽书
陈寂珠诗

图13：珠海丹心

梁集祥书
刘逸生诗

图14：罗岗香雪

杨和明书
罗冠群词

图15：双桥烟雨

秦咢生书
郭瘦真诗

图16：红陵旭日

关晓峰书
冼玉清诗

图17：鹅潭夜月

10

1963年的羊城八景，跟古代相比有大量的更换。除了白云山和越秀山之外，其他均是新选定的。羊城八景中加入了革命情怀，"红陵旭日"富有鲜明的时代特色。

新羊城八景，如何体现"可持续发展"这一时代主旋律呢？

图1~3，图8~12 □来源：广州艺术博物院.古今羊城八景萃集. 广州：广州出版社，2006

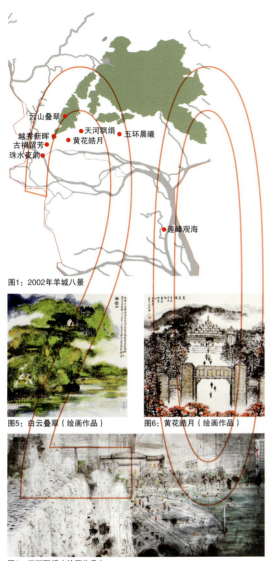

图1：2002年羊城八景

图5：白云叠翠（绘画作品）

图6：黄花皓月（绘画作品）

图8：天河飘绢（绘画作品）

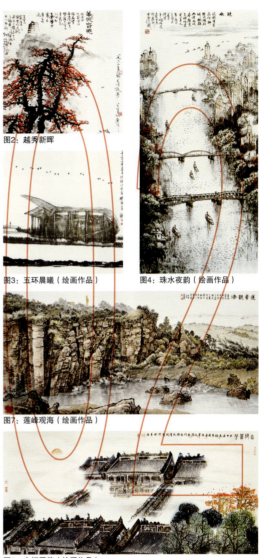

图2：越秀新晖

图3：五环晨曦（绘画作品）

图4：珠水夜韵（绘画作品）

图7：莲峰观海（绘画作品）

图9：古祠留芳（绘画作品）

2002年的羊城八景，展示了广州的大规模城市建设。"五环晨曦"成为其中的代表，也展示了对历史的尊重；"古祠留芳"正是优秀历史建筑传承的范例。

新羊城八景，如何成为未来新建筑、新形式、新风格的引领者呢？

图2~9 □来源：羊城八景. 广州：广东人民出版社，2009

图1：白云叠翠

图2：越秀新晖

图3：黄花皓月

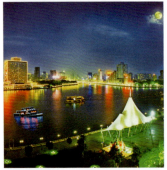

图4：珠水夜韵

2002

图5：莲峰观海

图6：古祠留芳

图7：天河飘绢

图8：五环晨曦

图1来源：http://dp.pconline.com.cn/
photoblog/page.do?method=photoPage&pid
=791743&hiddenEqu= □图2~6，来源：陈碧
信. 广州印象. 北京：中国旅游出版社，2005 □
图7~8，来源：广州市旅游局. 广州. 北京：中
国旅游出版社，2003

今天审视2002年的羊城八景，感叹广州城变化巨大之余，也更加珍视八景的传承："越秀新晖"之五羊雕塑成为不老的神话；"古祠留芳"在更多新建筑涌现的今天，更显珍贵；"五环晨曦"将迎来第16届亚运会的隆重召开；"莲峰观海"在广州城市更大范围的建设中，彰显山水自然特色。

2002年羊城八景的评选已经过去了八年，广州城新一轮的建设已见成效，羊城新貌全面呈现。在传承中创新，2009年的羊城八景初见端倪。

图1：越秀新晖

图2：莲峰观海

图3：古祠留芳

图4：五环晨曦

"流动的八景，不老的广州"，新羊城八景在主题、位置和形态方面将有新的突破。在体现与自然的融合、表达广州城市建设奇迹、体现可持续发展、引领未来新建筑等方面，为新羊城八景赋予了时代要求。

七次羊城八景历时千年，成为广州城市地标的代名词，本书提出的"第八次"新羊城八景，将探讨独具魅力的新地标，显示"动感广州"，"感动世界"城市。

图1~3，来源：陈碧信. 广州印象. 北京：中国旅游出版社，2005 □图4，来源：广州市旅游局. 广州. 北京：中国旅游出版社，2003

13

英国航空伦敦眼（The British Airway's London Eye），又称为千禧之轮（Millennium Wheel），于1999年年底落成，总高度135米。伦敦眼矗立于伦敦泰晤士河南畔的兰贝斯区，面向坐拥国会大楼与大本钟的西敏寺。作为世界上首座最大的城市观景摩天轮，伦敦眼成为伦敦的新地标。（参见维基百科：伦敦眼）

图1：英国伦敦眼

由建筑大师弗兰克·盖里设计的毕尔巴鄂古根海姆美术馆（Museo Guggenheim Bilbao）是一个专门展出现当代艺术作品的美术馆。建于1997年的古根海姆美术馆，位于西班牙小城毕尔巴鄂，其解构主义风格的建筑造型激活了这座小城，成为当代城市新地标的代表。

图2：西班牙毕尔巴鄂古根海姆美术馆

2010年1月4日，由美国SOM建筑事务所设计，造价15亿美元的迪拜塔，举行了隆重的竣工典礼，更名为哈利法塔，并宣布塔高828米。从那时起，哈利法塔成为世界第一高塔。哈利法塔以其绝对的高度成为世界新地标。

图3：阿联酋迪拜哈利法塔

图4：世界新地标分布

"感动世界"的城市新地标，以其前所未有的形式、引领未来的理念、先进尖端的技术，成为世界城市的名片，为世人所瞩目。

英国伦敦眼作为动态的城市地标，以其独特的造型与老城空间形成对比；西班牙毕尔巴鄂古根海姆博物馆，一座建筑激活了一座城市；阿联酋迪拜哈利法摩天楼，高达828米，成为世界之最；北京奥林匹克公园，留下的奥林匹克遗产激活了古老北京城的北中轴线；上海世博会集当今世界建筑之精粹，成为未来建筑发展的风向标；美国

图1来源：http://blog1.poco.cn/myBlogDetail.htx&id=3767722&userid=42129561&pri=&n=0 □图2来源：http://flickr.com/photos/steffengo/2666400075/ □图3来源：http://blog.kdnet.net/boke.asp?mmq.showtopic.319403.html

图1：北京奥林匹克公园

北京奥林匹克公园位于北京中轴线北端，占地面积315公顷。由国家体育场（鸟巢）、国家游泳中心（水立方）、国家体育馆等主要奥运会比赛场馆构成的城市公共空间，成为继天安门广场建成之后的北京又一处大型城市广场，形成了世界新地标。

图2：上海世博轴&中国馆

2010年上海世博会汇集了世博轴、中国馆、主题馆、演艺中心以及世界各国的国家馆等众多新建筑。大胆新颖的场馆，不仅展示了建筑的未来发展趋向，而且激活了黄浦江两岸的城市空间，同时创造了世界新地标。

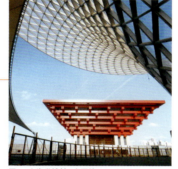
图3：美国拉斯维加斯大道

赌城拉斯维加斯，以其热闹非凡的拉斯维加斯大道（Las Vegas Strip）闻名于世。大道两旁的建筑令人眼花缭乱，成为古今建筑风格荟萃的聚集地。"向拉斯维加斯学习"（后现代建筑理论家文丘里），使这座沙漠中的城市成为城市活力的象征，世界的地标。

美国拉斯维加斯

拉斯维加斯超时空展现人类建筑之精华，独具特色。

以上6处世界新地标，其共同点是以其独一无二的鲜明形象，彰显所在城市的文化特色，作为城市名片提升一座城市，使城市本身成为世界地标。

广州的新地标将以何种姿态呈现给世界呢？广州如何成为世界地标？

15

图1来源：http://blog.sina.com.cn/s/blog_43635b690100b9m4.html □图2来源：http://tieba.baidu.com/f?kz=467559694 □图3来源：http://q.yesky.com/group/review-11936496.html

广州的古井体现了自古以来广州对地下空间进行的挖掘和探索。

从技术上来看，广州的古井体现出古人对地下空间的选址、地质、水文方面的全面考虑，造就了水质优异的越王井以及其他众多古井。

从使用功能上来看，越王井为方便汲水，特加盖大石板并开凿9个井眼。

从自然奇观来看，越王井位于白云山脉的延伸——越秀山附近，正是广州"龙脉"的头，拥有良好的景观；而烟雨井在宋朝和元朝都是羊城八景之一，成为广州的风景胜地。

图1：广州的古井分布示意图

越王井（又名粤王井或九眼井）位于广州市应元路西端，是广州现存最古老的井，相传为南越王赵佗所掘。越王井原井呈方池状，宽丈余。据记载，宋代番禺县令于伯桂加盖大石板，并开凿9个井眼，方便汲水，越王井因此又称九眼井，今仍存"九眼古井"石碑。

图2：越王井外观

图3：清《羊城古钞》中的九眼井

图2~3来源：http://bbs.ycwb.com/viewthread.php?tid=160116

广州有历史悠久的井文化，其中以越王井和烟雨井为代表的数口千年老井是广州历史遗迹中的重要部分。越王井是广州现存最古老的井，相传为南越王赵佗所掘，因此，在广州的历史文化中是非常重要的一页。从这个意义上来说，

越王井可以代表广州的历史。

对于今天的广州城来说，广州的古井有更重要的价值，技术、人文关怀以及自然景观等方面都给予现代广州以启示。今天的技术能够对地下空间有更大规模的建设，对广州气候的研究证明了地下空间的

图1：20年代初的大通烟雨井

图2：烟雨井的现状

与越王井并列广州历史上两大著名古井之一的烟雨井，位于芳村的花地河畔，于2004年被重新发现。据古籍记载，烟雨井在宋代和元代都被列入羊城八景。古时的烟雨井在大通寺中，晨曦初散，轻烟常袅，因此被称为"大通烟雨"。

图3：杨孚井

图4：鲍姑井

除了越王井和烟雨井之外，广州还有杨孚井、鲍姑井、五眼井、达摩井等多口著名的古井，有"古代广州九大名井"之说。

图5：光孝寺达摩井

图6：西来初地五眼井

合理性，而创造地下奇观也将为城市发展提供一条绝佳的思路。

　　延续至今的井文化所呈现的地下空间，构成了广州城一道独特的风景，成为创造世界新地标的线索。因此，可以通过创造独具特色的地下空间，形成前所未有的井文化新奇观，对广州乃至世界产生影响。

17

图1~6来源：http://bbs.ycwb.com/viewthread.php?tid=160116

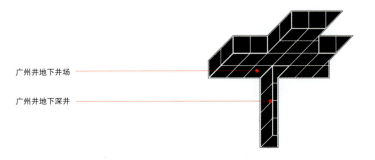

广州井地下井场

广州井地下深井

图1：广州井地下空间

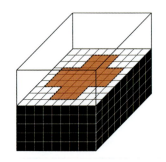

图2：地面广场

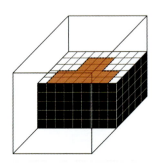

图3：地面广场与地下空间

广州井建筑

广州井地面广场

广州井地下井场

广州井地下深井

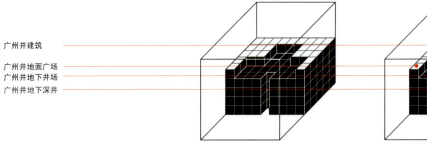

图4：地面广场、地下井场与地下深井

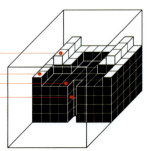

图5：地面广场、地下井场、地下深井与建筑

研究地下空间，探讨公共空间新模式；创造广州井，形成世界新地标。

广州井由广州井建筑、广州井地面广场和广州井地下空间组成。

广州井地下空间包括地下井场和地下深井。地下井场形成开敞式广场，高宽比小于1:3，具有宽阔的空间视野；地下深井形成垂直中庭，高宽比大于3:1，具有围合的空间感受。

广州井地下井场和地下深井相结合，形成一座丰富立体的"地下城"。

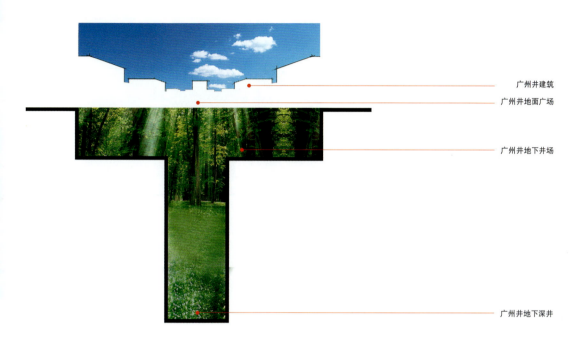

广州井建筑

广州井地面广场

广州井地下井场

广州井地下深井

图1：双层广场

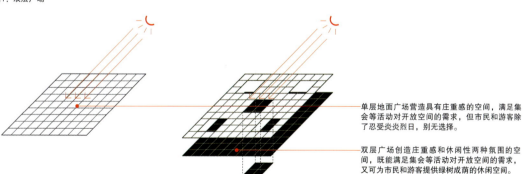

单层地面广场营造具有庄重感的空间，满足集会等活动对开放空间的需求，但市民和游客除了忍受炎炎烈日，别无选择。

双层广场创造庄重感和休闲性两种氛围的空间，既能满足集会等活动对开放空间的需求，又可为市民和游客提供绿树成荫的休闲空间。

图2：单层地面广场模式　　　　　　图3：双层广场模式

　　由广州井建筑围合而成的地面广场营造了空间的庄重感，无遮蔽的空间适合举行大型集会等纪念活动；广州井地下公共空间具有空间的休闲性，尺度亲切、绿树成荫的空间适合市民和游客逗留。

　　地面广场和地下公共空间形成了双层广场，集空间的庄重感和空间的休闲性为一体，既可满足大型集会对开敞无遮蔽空间的要求，又能在同一地点为市民和游客提供绿树成荫的休闲空间。

19

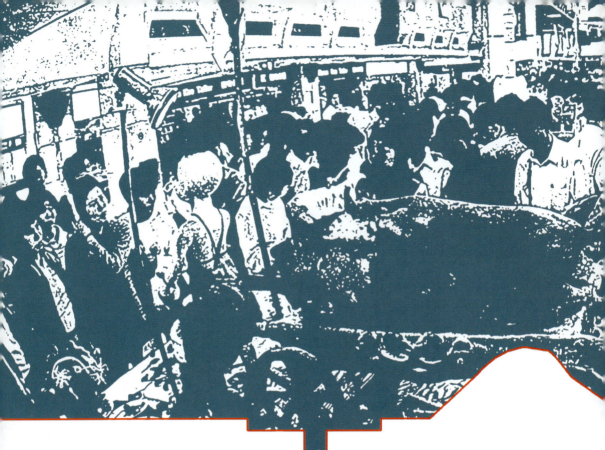

美食广州

　　五十年前，"好食"的广州人曾经举办过一个"名菜名点展览"。当时统计，粤菜的菜式已有5457种；而此地盛产的岭南佳果，品种也竟达数百种之多。广州被誉为中华"美食之都"，名不虚传。现在，一年一度的"美食节"欢迎来自八方的宾朋品尝广州美食的博大精深。

文字改写自广州市旅游局编著. 广州. 北京：中国旅游出版社，2003　□图片根据陈碧信摄影《美食大都会》制作. 参见：广州市旅游局编著. 广州. 北京：中国旅游出版社，2003

广州井构想
DESIGN OF GUANGZHOU WELL

白云山，以其"白云叠翠"的风姿，于2002年被评为"羊城八景"之首，自古就有"羊城第一秀"之称。白云山面积达20.98平方公里，主峰摩星岭高382米，登高可俯览广州城，遥望珠江。每当雨后天晴或暮春时节，山间白云缭绕，蔚为奇观，白云山之名由此得来。

白云山景色秀丽，自古以来就是广州有名的风景胜地。如"蒲涧濂泉"、"白云晚望"、"景泰僧归"等，均被列入古代"羊城八景"。1963年和1986年，白云山分别以"白云松涛"和"云山锦秀"胜景再度被评为"羊城新八景"之一。（参见：http://www.lvee.cn/info/viewd020d.html）

图1：白云山Google影像图（2010年3月）

图1来源：Googleearth

白云文化中心位于白云区南部，以白云机场旧址为核心区，东临白云山，南靠旧城中心，地理位置优越，是广州城市实施"中调"战略的重要节点地区。这里正是未来广州的发展趋势。

白云文化中心地处白云山脚下，自然环境优美。白云山在其东边呈南北方向蔓延，使得白云文化中心东面环绕着白云山景。

正在规划中的白云文化中心，将形成大型的文化建筑群聚集地。这为创造广州井提供了绝佳的选址。

图1：从白云山俯视广州城

图2：白云山上的缆车

图3：白云山上的牌坊

图4：从白云山俯视白云文化中心研究范围

　　从白云山上，可以透过白云国际会议中心的空隙看到白云文化中心所在场地。白云山、白云国际会议中心及白云文化中心在空间上互相渗透，成为创造广州井重要的考虑因素。

　　在规划中，远处的高密度住宅将被拆除。

图1~3来源：http://dp.pconline.com.cn/
photoblog/page.do?method=photoPage&pid=
914924&hiddenEqu= □图4来源：http://citylife.
house.sina.com.cn/detail.php?gid=18699

图1：白云新城现状Google影像图（2010年3月）

图中文字标注：
白云国际会议中心
白云体育馆
白云山
旧白云机场跑道
云城西路
云城东路
白云新城范围

图1来源：Googleearth

白云文化中心位于白云机场旧址，东临白云山，是白云新城规划的中心之一。

白云文化中心研究范围现状位于老白云机场跑道上，东侧有已建成的白云国际会议中心。白云文化中心研究范围周边南侧有已建成的广州体育馆，西侧为大量的高密度民宅，西南侧有老白云机场候机楼。

已经建成的云城东路和云城西路，以及正在建设中的地铁2号线延长线，为创造广州井提供了现实可能的条件。

图1：白云体育馆

图2：白云国际会议中心广场

图3：白云国际会议中心

图4：高密度民宅

图5：旧白云机场跑道及地铁建设工地

图6：齐富路两侧绿化现状

图7：云城西路

图8：旧白云机场

图9：云城东路

在白云文化中心研究范围内创造广州井，要考虑现已建成的建筑白云国际会议中心、白云体育馆，以及正在建设中的地铁2号线延长线位于研究范围内的新市站。

现状中的高密度民宅和旧白云机场跑道将被拆除，可以不考虑。

图1来源：广州市旅游局编著. 广州. 北京：中国旅游出版社，2003 □图2、5、6来源：朱文一拍摄于2009年7月6日 □图3来源：http://dp.pconline.com.cn/photoblog/page.do?method=picPage&pid=658963&from=photoblog □图4来源：http://static.panoramio.com/photos/original/1251956.jpg □图7来源：http://static.panoramio.com/photos/original/12512645.jpg □图8来源：http://static.panoramio.com/photos/original/12512871.jpg □图9来源：http://static.panoramio.com/photos/original/12519116.jpg

图1：白云文化中心研究范围现状的Google影像图（2010年3月）

以下图中标注：
- 齐富路
- 高密度民宅
- 云城西路
- 地铁2号线延长线站点 新市站
- 白云国际会议中心
- 旧白云机场跑道
- 云城东路
- 广州井范围34公顷
- 白云文化中心研究范围59公顷
- 白云大道
- 白云山

图1来源：Googleearth

　　白云文化中心研究范围呈品字形，现状为旧白云机场跑道。已建成的云城西路和云城东路两条路从中穿过，齐富路在研究范围北侧。正在建设的地铁2号线延长线新市站位于研究范围中央。

　　几年前建成的白云国际会议中心位于白云文化中心研究范围东端，可以举办大型国内外会议和综艺演出。由南至北排列的五栋建筑，提供了演出、住宿、餐饮、展览、商务服务等功能。

　　便利的城市交通和齐全的服务设施，为创造广州井提供了良

图1：从白云国际会议中心看广州井范围

图2：白云国际会议中心

图3：透过白云国际会议中心的空隙看白云山

图4：地段西侧高密度住宅

好的条件。

　　白云国际会议中心由五栋长条形建筑组成，垂直于白云山的建筑布局形成了四条通向白云山的空隙，使白云山的山景穿过建筑，通向广州井范围内。

　　在广州井范围内，可以随时、随处共享白云山景。创造广州井，应该充分考虑白云山空间走势的要求。

图1~4来源：朱文一拍摄于2009年7月6日

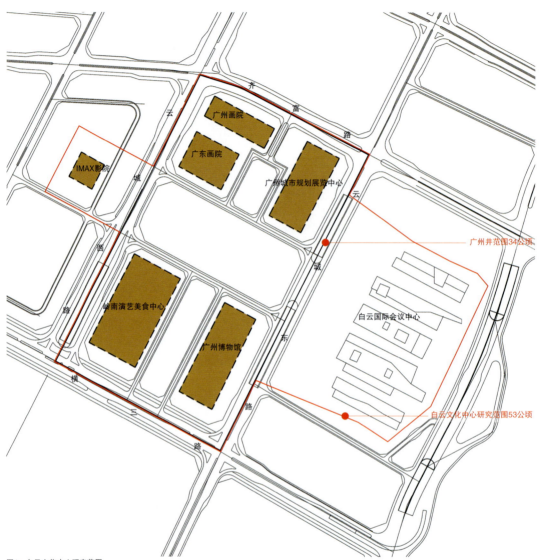

图1：白云文化中心研究范围

　　规划中的白云文化中心研究范围，南起横三路、北至齐富路、西起云城西路、东至白云大道，以及向西扩展的一个街区，总用地面积为53公顷。

　　根据规划要求，白云文化中心研究范围内有7组建筑。其中，白云国际会议中心已经建成，广州城市规划展览中心已完成方案设计。其余5组建筑分别是广州博物馆、岭南演艺美食中心、广东画院、广州画院以及向西扩展的IMAX影院。

　　从建筑的文化特性到开敞的规划布局等方面，都为创造广州井、

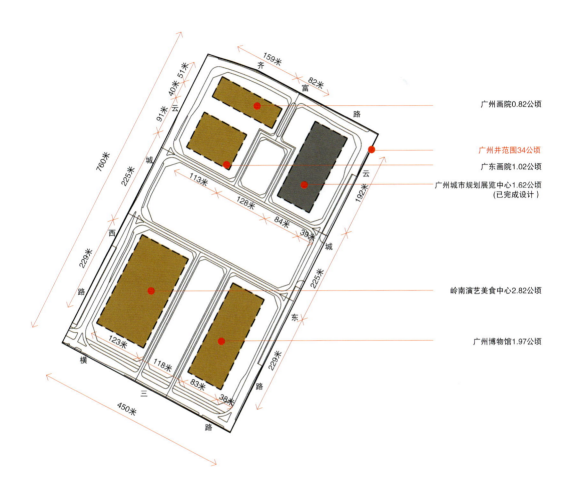

广州画院0.82公顷

广州井范围34公顷

广东画院1.02公顷

广州城市规划展览中心1.62公顷
（已完成设计）

岭南演艺美食中心2.82公顷

广州博物馆1.97公顷

图1：广州井范围

形成世界新地标奠定了基础。

　　规划中的广州井范围，南起横三路、北至齐富路、西起云城西路、东至云城东路，用地面积为34公顷。

　　广州城市规划展览中心建筑面积为5.9万平方米。规划要求的广州博物馆建筑面积为5万平方米，广东画院建筑面积为3.8万平方米，广州画院建筑面积为5.05万平方米，岭南演艺美食中心建筑面积为5.5万平方米。广州井范围规划总建筑面积达34万平方米，容积率约0.64。

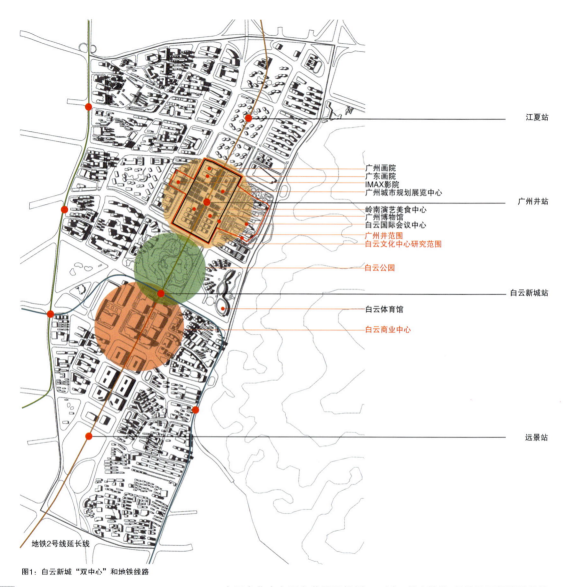

江夏站

广州画院
广东画院
IMAX影院
广州城市规划展览中心

广州井站

岭南演艺美食中心
广州博物馆
白云国际会议中心
广州井范围
白云文化中心研究范围

白云公园

白云新城站

白云体育馆

白云商业中心

远景站

地铁2号线延长线

图1：白云新城"双中心"和地铁线路

　　白云文化中心研究范围是规划中的白云新城双中心"白云文化中心"和"白云商业中心"之一。位于北面的白云文化中心和南面的白云商业中心南北串联，形成白云新城的空间主轴。

　　三条新地铁线从白云新城中穿过，其中地铁2号线的延长线沿轴线连接双中心，其上设置的江夏、新市、白云新城和远景四个站点连接城市。

　　便捷的地铁交通为创造广州井提供了优越的对外联系通道，加强了广州井的可达性。

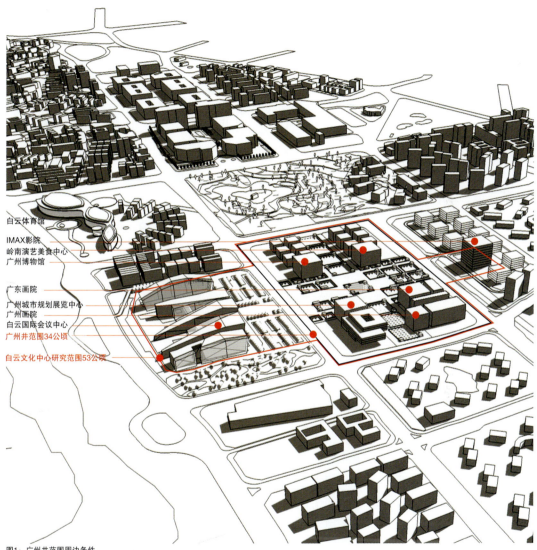

白云体育馆
IMAX影院
岭南演艺美食中心
广州博物馆

广东画院
广州城市规划展览中心
广州画院
白云国际会议中心
广州井范围34公顷

白云文化中心研究范围53公顷

图1：广州井范围周边条件

31

从现状和规划要求来看，广州井范围的东边为已建成的白云国际会议中心，北边为低密度社区，西边为中等密度的公寓社区，南边为白云公园，东南面为已建成的白云体育馆。周边街区格网布局，空间走势清晰；建筑高度约50米，易于形成宜人空间；建筑体量适中，利于呼应白云山景。

创造广州井，可以整合周边空间，强化白云新城的空间格局和空间走势。

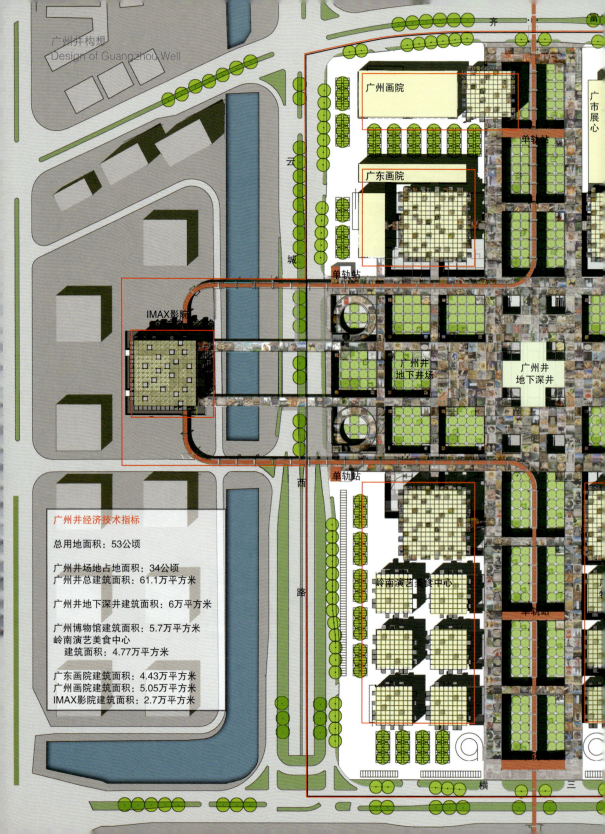

广州井构想
Design of Guangzhou Well

广州画院

广东画院

IMAX影院

广州市展心

单轨站

单轨站

单轨站

单轨站

单轨站

广州井
地下井场

广州井
地下深井

岭南演艺美食中心

广州井经济技术指标

总用地面积：53公顷

广州井场地占地面积：34公顷
广州井总建筑面积：61.1万平方米

广州井地下深井建筑面积：6万平方米

广州博物馆建筑面积：5.7万平方米
岭南演艺美食中心
　建筑面积：4.77万平方米

广东画院建筑面积：4.43万平方米
广州画院建筑面积：5.05万平方米
IMAX影院建筑面积：2.7万平方米

齐

富

云城

西路

横

三

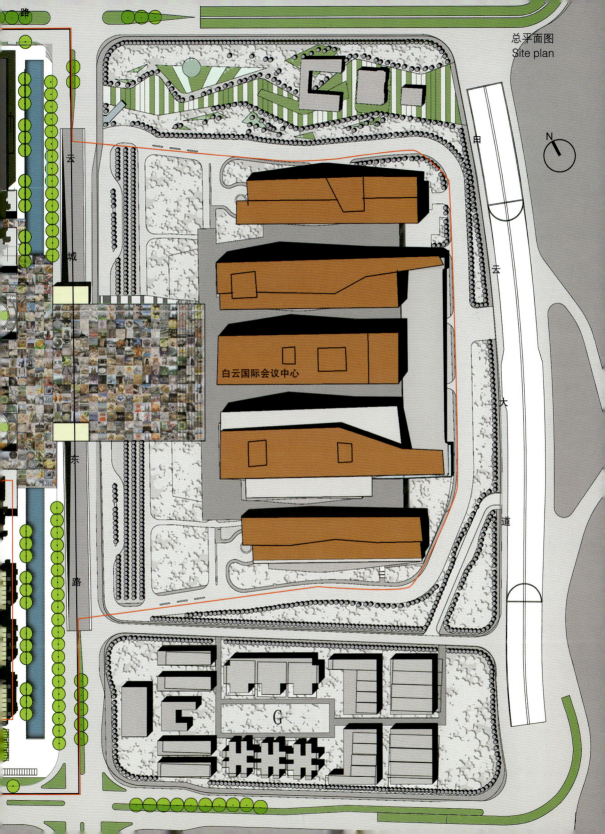

总平面图
Site plan

白云国际会议中心

N

G

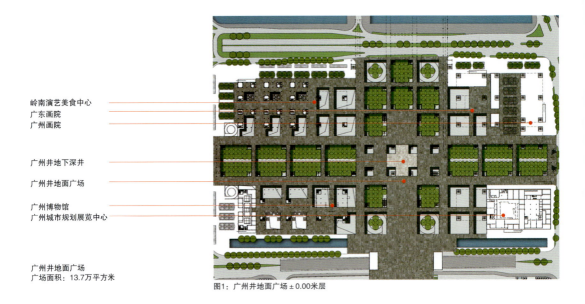

岭南演艺美食中心
广东画院
广州画院

广州井地下深井

广州井地面广场

广州博物馆
广州城市规划展览中心

广州井地面广场
广场面积：13.7万平方米

图1：广州井地面广场±0.00米层

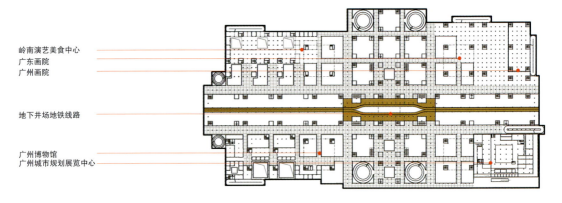

岭南演艺美食中心
广东画院
广州画院

地下井场地铁线路

广州博物馆
广州城市规划展览中心

广州井地下井场-6.00米层
广场面积：13.4万平方米

图2：广州井地下井场-6.00米层

　　广州井的地面层由建筑之间的地面广场、广州井建筑的开敞式一层空间组成，总建筑面积达13.7万平方米。

　　广州井的地下空间由广州井地下井场和广州井地下深井组成。地下井场深18米，共分为三层，与广州井建筑地下公共空间连为一体，全天候开放，形成市民和游客流连忘返的场所。

　　广州井设置六个机动车出入口，其中，南面和北面的出入口主要用于广州井建筑的机动车交通及停车，东面和西面的出入口设置在

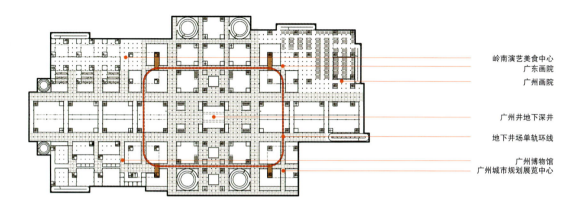

岭南演艺美食中心
广东画院

广州画院

广州井地下深井

地下井场单轨环线

广州博物馆
广州城市规划展览中心

广州井地下井场–12.00米层
广场面积：13.7万平方米

图1：广州井地下井场–12.00米层

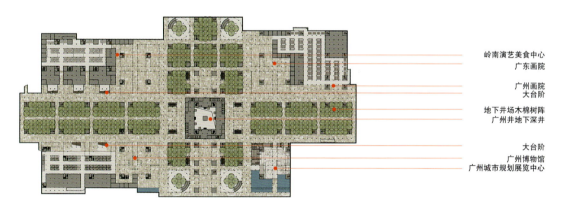

岭南演艺美食中心

广东画院

广州画院
大台阶

地下井场木棉树阵
广州井地下深井

大台阶

广州博物馆
广州城市规划展览中心

广州井地下井场–18.00米层
广场面积：20.3万平方米

图2：广州井地下井场–18.00米层

地下井场中，主要用于地面广场大型集会的交通及停车。

　　地下井场–6.00米层总建筑面积达13.4万平方米，通过地铁线路与城市串联。

　　地下井场–12.00米层总建筑面积达13.7万平方米，单轨环线将四座广州井建筑串联起来，与自动扶梯共同形成具有良好可达性的公共空间。

　　地下井场–18.00米层总建筑面积达20.3万平方米，主要为开敞的休闲广场，绿树成荫，创造出广州井独特的地下景观。

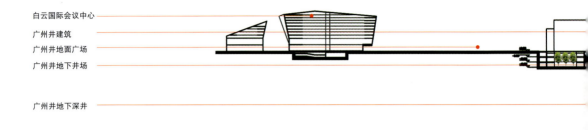

白云国际会议中心
广州井建筑
广州井地面广场
广州井地下井场

广州井地下深井

图1：广州井东西剖面

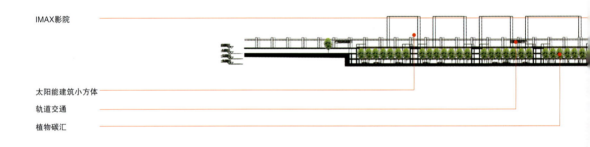

IMAX影院

太阳能建筑小方体
轨道交通
植物碳汇

图2：广州井南北剖面

从广州井的剖面可以看到，广州井建筑之间的东西轴地面广场长360米、宽190米，南北轴地面广场长690米、宽100米，所形成的无遮挡开敞空间，营造了广场的庄重感。而广州井地下井场，长690米，宽360米，面积达20公顷，地面广场下的井场中种植了701棵15米高木棉树，形成广场的休闲性。

地面广场的庄重感和地下井场的休闲性特色互补，相得益彰，将大型集会活动空间和休闲娱乐活动空间完美结合，创造了一种城市双层广场新模式。

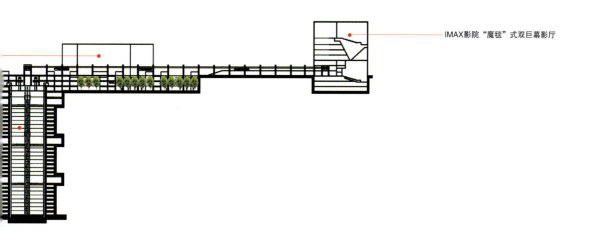

IMAX影院"魔毯"式双巨幕影厅

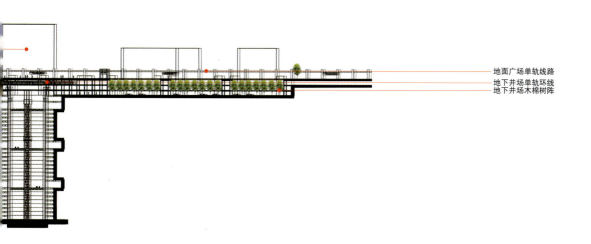

地面广场单轨线路
地下井场单轨环线
地下井场木棉树阵

37

　　作为大型城市公共空间，广州井在传播低碳理念、引领低碳生活等预示未来城市发展方向上，具有明显的示范优势。

　　通过地下井场种植的木棉树，可以吸收二氧化碳形成植物碳汇。

　　通过在广州井建筑小方体上安装太阳能光电板，为公共空间提供照明，减少碳排放。

　　通过设置地面广场单轨线路和地下井场单轨环线，减少机动车使用频率。所形成的"慢行系统"，可以实现白云新城内8公里和广州井范围内2公里半径的低碳出行。

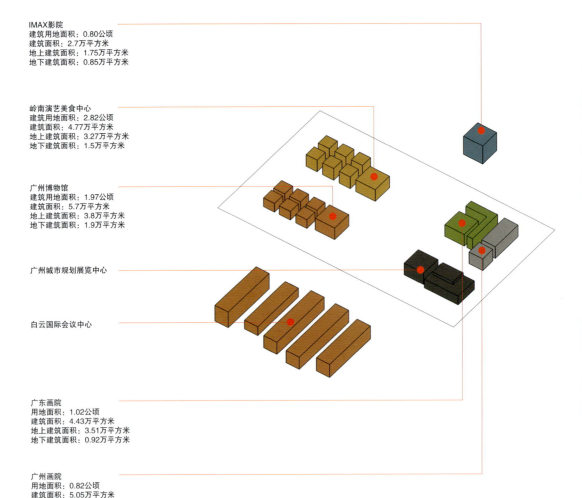

IMAX影院
建筑用地面积：0.80公顷
建筑面积：2.7万平方米
地上建筑面积：1.75万平方米
地下建筑面积：0.85万平方米

岭南演艺美食中心
建筑用地面积：2.82公顷
建筑面积：4.77万平方米
地上建筑面积：3.27万平方米
地下建筑面积：1.5万平方米

广州博物馆
建筑用地面积：1.97公顷
建筑面积：5.7万平方米
地上建筑面积：3.8万平方米
地下建筑面积：1.9万平方米

广州城市规划展览中心

白云国际会议中心

广东画院
用地面积：1.02公顷
建筑面积：4.43万平方米
地上建筑面积：3.51万平方米
地下建筑面积：0.92万平方米

广州画院
用地面积：0.82公顷
建筑面积：5.05万平方米
地上建筑面积：3.16万平方米
地下建筑面积：1.89万平方米

图1：广州井建筑功能块

　　包括广州博物馆、岭南演艺美食中心、广东画院、广州画院、向西扩展的IMAX影院、已建成的白云国际会议中心、以及已完成设计的广州城市规划展览中心等7组公共建筑形成白云文化中心建筑群，组成了城市大型文化建筑群。

　　岭南演艺美食中心拥有7个功能块，一个大体量功能块设置空中观景大台阶。6个演艺单元采取多功能演艺单元的模式，可根据不同的功能需要而应用为粤剧表演、T型舞台、练功房、中央舞台、STUDIO录音室以及小型表演

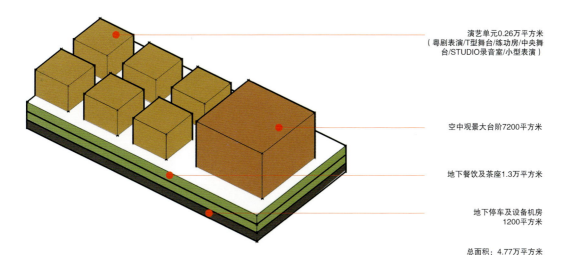

演艺单元0.26万平方米
（粤剧表演/T型舞台/练功房/中央舞
台/STUDIO录音室/小型表演）

空中观景大台阶7200平方米

地下餐饮及茶座1.3万平方米

地下停车及设备机房
1200平方米

总面积：4.77万平方米

图1：岭南演艺美食中心功能块

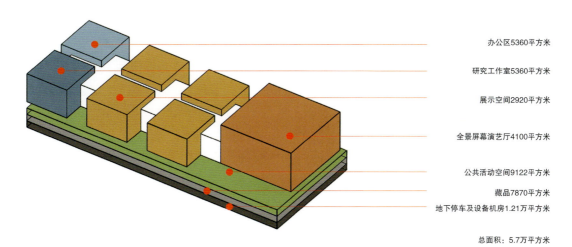

办公区5360平方米

研究工作室5360平方米

展示空间2920平方米

全景屏幕演艺厅4100平方米

公共活动空间9122平方米

藏品7870平方米

地下停车及设备机房1.21万平方米

总面积：5.7万平方米

图2：广州博物馆功能块

等多种功能。地下餐饮和茶座串联
各个演艺空间。
　　广州博物馆拥有7个功能块，
一个大体量功能块中设置全景屏幕
演艺厅，以震撼的视觉效果作为全
新的展览方式。四个功能块作为开
放式展式空间，两个功能块作为部

分开放的研究空间。地下公共活动
空间串联地上各展示空间。

39

广州井构想
Design of Guangzhou Well

购物广州

　　广州人喜欢逛街，车水马龙的大街未能满足广州人的乐趣，于是开辟了诸如上下九路、北京路、东山龟岗路等步行街。没有了车马的穿行，人们才得以闲暇，进入"逛"的境界。看商店里琳琅满目的新产品，看看报纸，看看花船，看看老人晨练，看看鱼趣，看看鸟影，看看异地来的卖艺，听听卖"鸡公榄"独特的叫卖声，也可透过北京路底下的玻璃窗看两千年前的南越王留下的街市遗迹。

文字摘写自陈碧信. 广州印象. 北京：中国旅游出版社，2005 □图片根据秦曙光摄影《喧闹的上下九步行街》制作. 参见：广州市旅游局编著. 广州. 北京：中国旅游出版社，2003

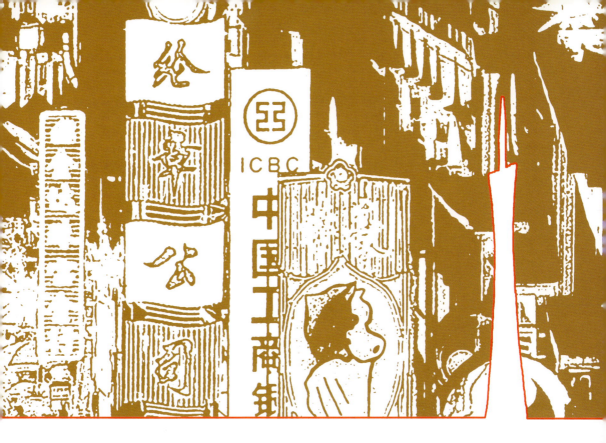

广州井分析
ANALYSIS OF GUANGZHOU WELL

IMAX影院
地面广场单轨线路

地铁线路
地下井场单轨环线

广州井地面广场

地下井场木棉树阵

广州井地下井场

娱乐设施

九星级酒店

地下深井

图1：地面广场的庄重感和地下井场的休闲性

44

　　广州井地面广场和地下井场形成的"双层广场"，在同一处场地中，利用高差，分层创造出庄重感和休闲性两种氛围截然不同的公共空间。地上广场人山人海，地下井场鸟语花香。

　　地面广场视野开阔、庄严宏伟。每当重大活动举办时，20万人汇聚一堂，场面蔚为壮观。

　　地下井场只见树木，亲切宜人。每年三月木棉花开时，游人如潮，风景独好。

图1：地上广场——庄重壮观

图2：地下井场的休闲性——木棉花开

图3：地下井场的休闲性——绿树成荫

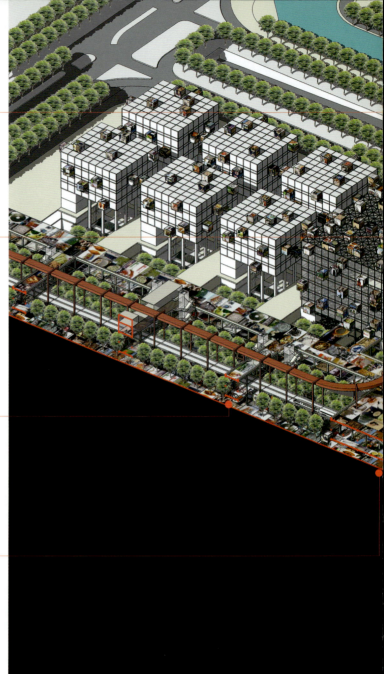

广州井地面广场保留了广场应有的庄重感，适合各种大型城市集会活动。

位于地下井场−6.00米层的地铁广州井站带来大量人流，五栋广州井建筑和之间的地下井场为城市提供了大量休闲场所。

位于地下井场−12.00米层的地下井场单轨环线将四栋广州井建筑串联起来。

地下井场−18.00米层，茂密的树林遮天蔽日，宜人的公共空间无处不在。无论白天还是夜晚，地下井场与地下深井都充满活力，成为广州城市的"不夜井"。

46

深160米的地下深井为九星级"引力"酒店综合体。位于深井中央的"跳楼机"将为市民和游客提供全新体验。

广州井总览
Diagram of Guangzhou Well

南北向绿化景观渗透

白云山山景渗透

广州井范围

白云公园

白云山

图1：山景渗透空间走势

大体量功能块在平面上阻挡山景渗透

小体量功能块在平面上引导山景渗透

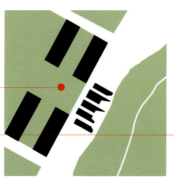

图2：大体量功能块平面布局

图3：小体量功能块平面布局

　　白云山作为国家4A级景区和国家重点风景名胜区，有着闻名遐迩的优美景致。最大程度地将山景引入广州井范围，成为需要考虑的重要因素。

　　在广州井设计中，东西方向顺应白云山绿色走势，南北方向形成白云新城绿轴。两条轴线将整个场地横竖划分，形成若干广州井建筑功能块，引导白云山山景的全方位渗透。

　　南北和东西两个相互垂直的方向上，形成多个纵横交错的视觉通廊，营造出"步移井异"的效果。

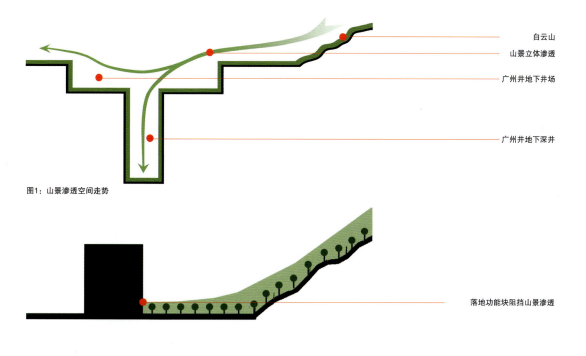

白云山

山景立体渗透

广州井地下井场

广州井地下深井

图1：山景渗透空间走势

落地功能块阻挡山景渗透

图2：落地功能块剖面示意

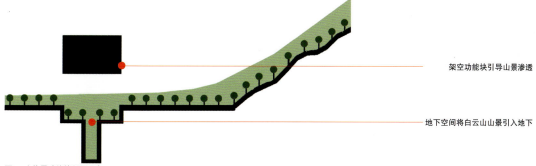

架空功能块引导山景渗透

地下空间将白云山山景引入地下

图3：小体量功能块剖面示意

在广州井的设计中，白云山的山景不仅在水平方向渗透，更在竖直方向将绿色引入地下。

在广州井地面广场上，首层架空的广州井建筑，在更宽广的视野范围内引入了白云山的山景。

在广州井地下井场种植的大面积树阵、地下深井中种植的垂直绿化，使白云山优美的绿色山景得以延续到广州井地下空间中。

49

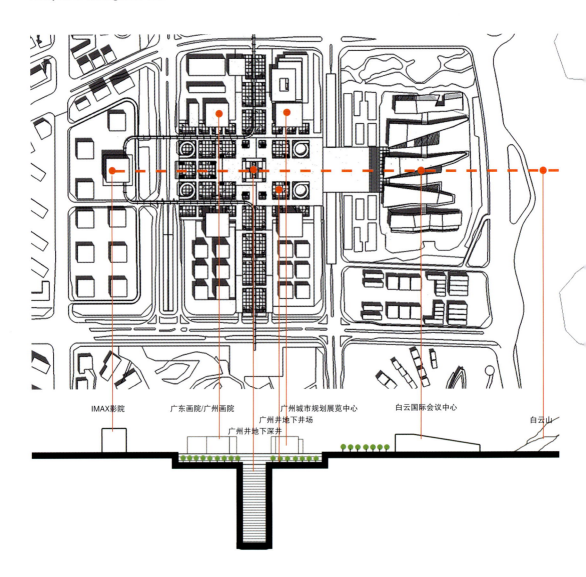

IMAX影院　　　广东画院/广州画院　　　广州城市规划展览中心　　　白云国际会议中心　　　白云山
　　　　　　　　　　　　　　广州井地下井场
　　　　　　　　　广州井地下深井

图1：广州井东西轴线

　　广州井的东西轴线形成的地面广场，左右对称，庄严雄伟，极具庄重感。轴线东端是45米高的白云国际会议中心，背后的白云山成为轴线空间的自然结束。轴线西端是60米高的IMAX建筑功能块，巨大的LED显示屏成为

东西轴线的西端对景。
　　位于东西轴线中央的部分是深160米的地下深井。这一突出体现广州井的地下深井，创造了独一无二的垂直轴线，形成了具有围合空间感的超深垂直中庭，造就了举世无双的世界新地标——广州井。

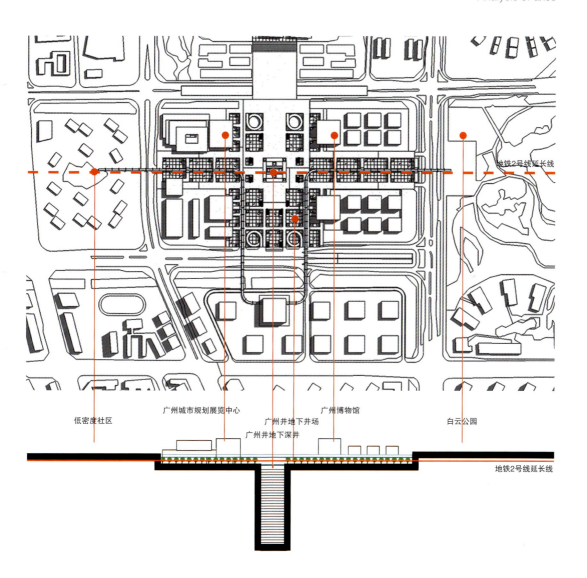

图1：广州井南北轴线

广州井的南北轴线向北延伸至低密度社区优美的园林景观，向南延长经风光秀丽的白云公园至白云商业中心。

在广州井的南北轴线上，最中央为深160米的地下深井。广州博物馆和广州城市规划展览馆的建筑功能块围合形成了地上广场和地下井场。

地铁2号线延长线的沿南北轴线经过，形成了广州井地下井场一道速度的风景线。

广州画院站

IMAX影院站

广东画院/广州城市
规划展览中心站

岭南演艺美食中心/
广州博物馆站

白云公园北站

白云公园南站

白云商业中心西站

白云商业中心站

白云南部社区站

白云南部公园站

图1：白云新城单轨线路

在白云新城范围内，沿南北轴线构想单轨线路，串联了白云文化中心、白云公园、白云体育馆、白云商业中心以及白云南部公园等多处城市重要公共空间。

单轨线路位于地上9米高度处，采取悬挂式，沿途共设10站，全长5公里，最大时速20公里，单程共计约25分钟。运量可达每小时6千人。

单轨线路的设置将广州井与白云新城的其他重要公共空间紧密连接，既实现了便捷的交通，又提供了低碳的出行方式。

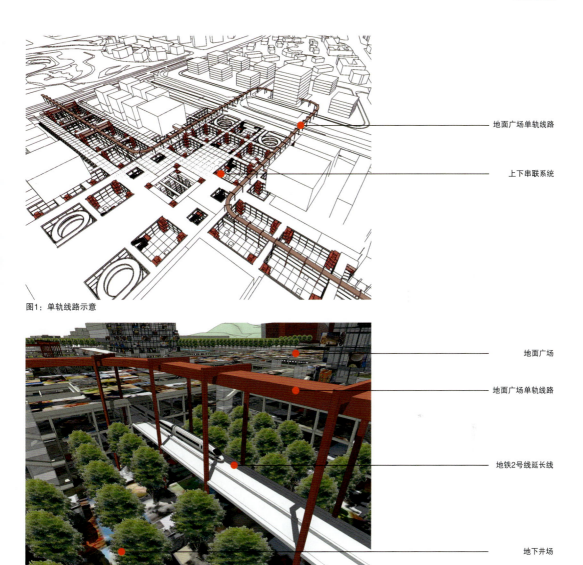

图1：单轨线路示意

图2：轨道交通示意

　　广州井地面广场和地下井场，通过室外楼梯、电梯及自动扶梯等垂直交通核上下贯通，形成立体的步行系统。

　　广州井构想地上和地下两条单轨线路，串联各建筑功能块，形成便捷的可达空间。

　　步行系统和单轨线路构筑的慢行系统，不仅为市民和游客提供了便捷到达广州井各个功能块的可能性，也体现了低碳出行的理念。

地面广场单轨线路

上下串联系统

地面广场

地面广场单轨线路

地铁2号线延长线

地下井场

53

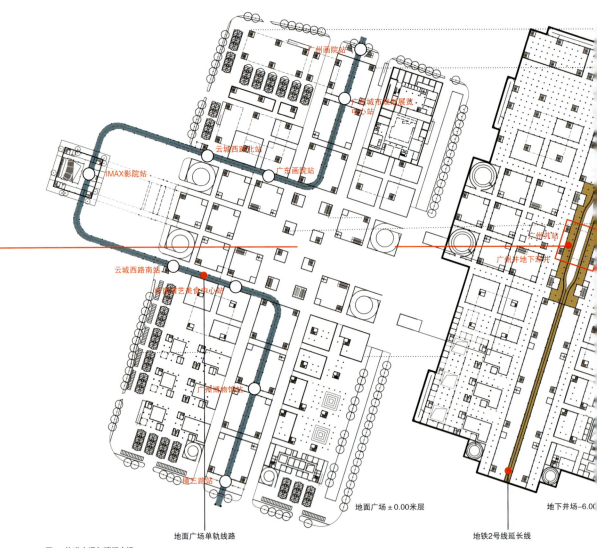

图1：轨道交通与碳汇广场

地面广场单轨线路

地铁2号线延长线

构想的单轨线路沿南北轴线穿经广州井地面广场，共设9个站点，分别串联广州画院、广州城市规划展览中心、广东画院、IMAX影院、岭南演艺美食中心、广州博物馆等建筑，并与白云新城南北轴线上的其他功能区相连。

地铁2号线延长线从地下井场-6.00米层穿过，正在建设中的广州井站位于广州井地下深井上方，成为深160米地下深井大量公共人流的集散中心。作为广州井与城市连接的主要公共交通枢纽，地下深井成为鼓励低碳出行的象征。

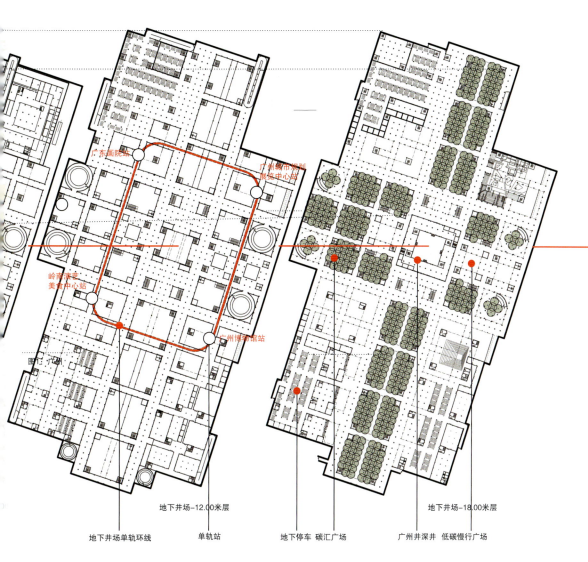

地下井场-12.00米层

地下井场单轨环线　　　单轨站　　　地下停车 碳汇广场　　　广州井深井 低碳慢行广场

地下井场-18.00米层

　　在广州井地下井场-12.00米层，设置地下单轨环线，通过4个站点串联广州博物馆、岭南演艺美食中心、广东画院以及广州城市规划展览中心四栋建筑，同时连接广州井东西轴线地面广场和地下广场，成为实现空间的庄重感和休闲性的

重要保障。

　　在广州井地下井场-18.00米层上，种植了701棵木棉树，创造植物碳汇广场，同时结合广州井建筑地下部分形成极具休闲性的地下城市公共空间。

55

图1：建筑小方体

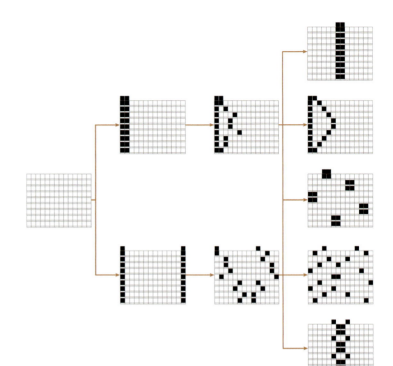

图2：可移动建筑小方体示意

IMAX影院

广州博物馆

广州城市规划展览中心

地面广场特色铺装

图3：地面广场特色铺装

广州井建筑形式以建筑小方体为载体，全面呈现岁月广州、美食广州、购物广州和花城广州的地域特色。

主题式建筑小方体可沿着建筑表面滑轨移动，上下穿梭、左右滑行，形成广州文化万花筒。

建筑小方体以交通核和地面铺装等形式，全方位营造广州特色氛围。

结合建筑朝向，在建筑小方体表面铺装文化光电板，既为广州井部分公共空间的照明供电，又展现了广州的地域文化特色。

图1：广州博物馆东立面

图2：建筑功能块与建筑小方体

图3：建筑功能块之室内展示空间

图5：镂空的表皮

图4：台阶连接地面广场和地下井场

57

广州博物馆设计采用赫红色为基调，色彩取自现广州博物馆及南越王墓博物馆。

通透的室内外空间与镂空的表皮，最大限度地实现了与白云山美景的对话。

从地面广场层延伸至地下井场-18.00米层的大台阶，将广州博物馆建筑与广州井地面广场与地下广场连为一体。

广州井建筑是广州井地面广场、地下井场和地下深井的自然延伸，成为广州井世界新地标的有机组成部分。

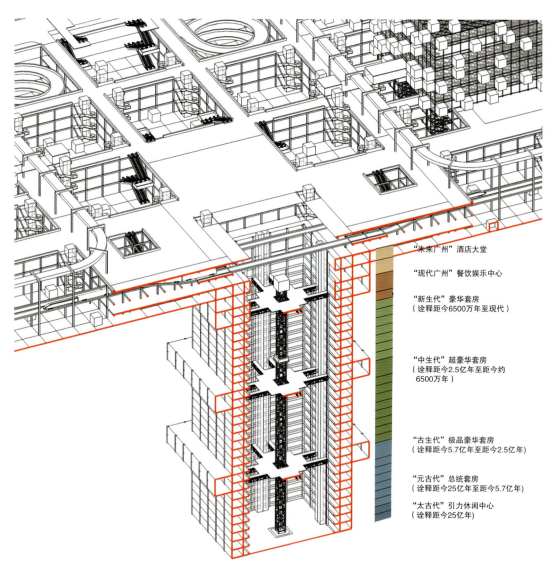

"未来广州"酒店大堂

"现代广州"餐饮娱乐中心

"新生代"豪华套房
（诠释距今6500万年至现代）

"中生代"超豪华套房
（诠释距今2.5亿年至距今约
6500万年）

"古生代"极品豪华套房
（诠释距今5.7亿年至距今2.5亿年）

"元古代"总统套房
（诠释距今25亿年至距今5.7亿年）

"太古代"引力休闲中心
（诠释距今25亿年)

图1：地下深井

广州井地下深井是广州井作为世界新地标的核心，构成了广州城市乃至世界城市中独具特色的地下公共空间。

地下深井设计为九星级"引力酒店"，共有34层，384个豪华地下套间，包括位于地下150米深的8个总统套间。

酒店内置160米深、面积达2千平方米的垂直中庭。中庭顶部为广州井地面广场和地铁2号线延长线广州井站，周边设置餐饮娱乐中心；中庭中部为九星级酒店豪华地下套间；中庭底部设置引力休闲中心；

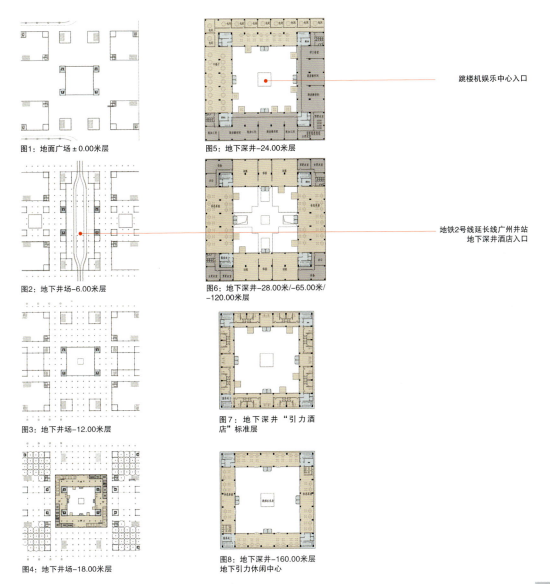

图1：地面广场±0.00米层

图5：地下深井-24.00米层

跳楼机娱乐中心入口

图2：地下井场-6.00米层

图6：地下深井-28.00米/-65.00米/-120.00米层

地铁2号线延长线广州井站
地下深井酒店入口

图3：地下井场-12.00米层

图7：地下深井"引力酒店"标准层

图4：地下井场-18.00米层

图8：地下深井-160.00米层
地下引力休闲中心

中庭中央安放分段式"伽利略号"跳楼机。

160米深的地下深井可以形象地诠释地球的地质断层。由此创造了通往地心方向的九星级"引力酒店"。酒店自下至上分为六个地质和历史年代，展示地球演化和广州发展的历史。

市民和游客可以通过观光电梯或跳楼机直接到达地下深井井底，在最短的时间内感受从未来的广州城回到25亿年前的元古代，体验瞬间的"时空穿越"。

59

花城广州

　　广州地处北回归线之上，这里终年青翠，四季常花，自古以来便以"花城"之称而名扬天下。广州城的花卉品种多得不计其数。一年一度的花市、迎春花会和秋菊展览这三大件花事，展现出这个城市一种瑰丽的岭南风情。除夕之夜，当北国大地仍是千里冰封、万里雪飘的时候，广州城全城市民却万人空巷地逛花市。广州的市花是木棉。每年春天，满城的红棉、紫荆怒放得如火如荼；夏日，千树万树凤凰木璀璨得如霞似锦；秋天，一地黄菊开遍了满城满路；而冬日，流溪河畔，盛放着满山的红叶和遍地的梅林香雪。

文字摘自广州市旅游局编著. 广州. 北京：中国旅游出版社，2003　□图片根据梁绿萍摄影《五重花羊城》制作. 参见：广州市旅游局编著. 广州. 北京：中国旅游出版社，2003

"东塔西井" 新八景
"EAST TOWER & WEST WELL": NEW EIGHT ATTRACTIONS

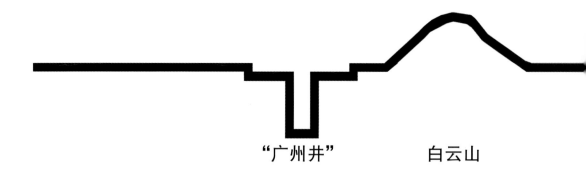

"广州井"　　　　白云山

图1：广州城 "东塔西井" 空间结构

作为世界新地标，广州井在文化传承、城市空间、建筑趋势和技术进步等方面体现了预示未来的示范作用。

文化传承越王井，弘扬广州千年井文化，打造文化广州井；

城市空间高密度，开发广州地下深空间，打造公共广州井；

建筑趋势可持续，探索广州低碳新建筑，打造绿色广州井；

技术进步无止境，挑战广州建筑新领域，打造地标广州井。

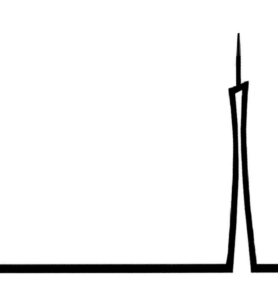

"广州塔"

珠江水和越王井水孕育了悠久的广州文明。珠江河畔的"广州塔",构成了"珠江塔影"美景。2200年前的越王井,将在21世纪的今天被赋予全新的意义。

传承越王井,创造"广州井",构筑新广州新景观,世界新地标。

珠江河畔广州塔,白云山下"广州井",形成了广州"东塔西井"的空间新格局。

"东塔西井":610米高的"广州塔",高度中国第一;160米深的"广州井",深度世界之最。

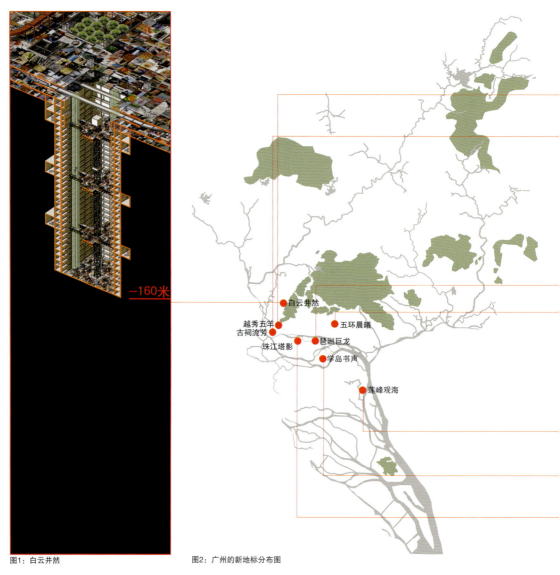

−160米

图1：白云井然

图2：广州的新地标分布图

第16届亚运会催生了大批新建筑，广州城市发展迈入了新的历史阶段。羊城呼唤着新八景的诞生。

创造广州井，打造世界新地标，构筑"白云井然"奇观，成为2009年羊城新八景的候选；坐落在珠江南岸的广州塔，形成"珠江塔影"，成为新八景的又一候选；广州井和广州塔形成的"东塔西井"空间新格局，增强了两者成为羊城新八景的可能性。

小谷尾岛上的广州大学城形成的"学岛书声"，以及广交会新址琶洲会展中心形成的"琶洲巨

图1：越秀新晖

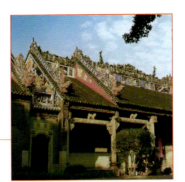

图2：古祠留芳

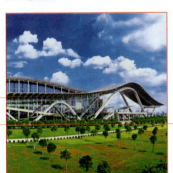

图3：琶洲巨龙

图4：五环晨曦

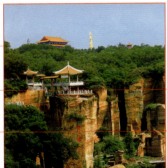

图5：莲峰观海

图6：学岛书声

图7：珠江塔影

龙"，成为新八景的候选。

"白云井然"、"珠江塔影"、"学岛书声"和"琶洲巨龙"展现了广州新建筑的风采，成为新八景中四景的候选。

2002年羊城八景中的"越秀五羊（越秀新晖）"、"古祠留芳"和"莲峰观海"三景，以其深厚的文化底蕴，可以再次成为候选。作为第16届亚运会的主场馆，"五环晨曦"成为新八景的候选。

创造广州井，为新羊城八景注入活力，显示动感广州，感动世界城市！

图1~5来源：陈碧信. 广州印象. 北京：中国旅游出版社，2005 □图6来源：朱文一，拍摄于2006年12月 □图7来源：http://dp.pconline.com.cn/photoblog/page.do?method=picPage&pid=1819350

65

白云井然

越秀五羊

古祠流芳

珠江塔影

五环晨曦

龙

学岛书声

莲峰观海

广州市城市规划编制研究中心于2009年5月举办了广州白云文化中心国际竞赛。清华大学建筑学院、清华大学建筑设计研究院和广州瀚景建筑设计事务所参加了这次国际竞赛。尽管提交的方案没有入围，但方案中所体现的设计理念是大胆而有启发的。本书即根据竞赛方案编辑而成。

广州城对我来说，既很遥远，又较熟悉。1985年，借大学毕业设计城市参观的机会，我第一次到广州。广州给我的印象是商业繁华的北京路、珠江畔的沙面和白天鹅宾馆，还有高耸的石室教堂等标志性建筑。2003年，我参加广州大学城组团——广东工业大学和广州美术学院校园设计国际竞赛中标，并最终完成两所大学的校园规划、建筑设计和景观设计。从2003年到2007年，我频繁穿梭于广州和北京之间，亲历了大学城建设的全过程。其间，考察了白云山、黄埔军校、天河广场以及琶洲会展中心等广州城市地标，经历了从老白云机场到新白云机场的更新过程，等等等等，目睹了广州城进入新世纪以来的迅猛发展。2009年7月，我有机会登上正在建设中的广州塔塔顶，俯瞰了初具规模的珠江新城。广州塔以其独特优雅的造型，成为广州城市新地标，给我留下了深刻印象。

我眼中的广州城，是一座古今中外建筑荟萃的城市，更是一座不断创新的城市。白云文化中心国际竞赛给我提供了一次探索广州城市未来地标的机会。2009年5月，我和商谦、李煜组成了核心设计小组，组织了设计团队，包括钱晓庆、刘辉、郭继政、陈晓兰、张隽

岑、王飞、李岑、胡爽、康惠丹等成员。经过近3个月的奋战，完成了白云文化中心"广州井"方案的设计。设计团队中的特殊成员吕燕茹老师帮助完成了方案的多媒体演示文件。与此同时，合作方广州瀚景建筑设计事务所完成了广东画院和广州画院建筑设计方案。

"设计并编辑着"，一直是我倡导的研究方式。书稿编辑贯穿设计方案全过程。2009年8月27日提交的竞赛文本接近一本样书，尽管距离成书尚有很大的差距。2009年9月，我和商谦、李煜开始对本书进行全面、细致的编辑工作。半年来，本书从文字的梳理到形式的统一，从结构的整合到图片的筛选，都有了很大的提升和优化。

本书得以顺利出版，要感谢清华大学出版社徐晓飞主任的大力支持，还要感谢李嫚编辑细致的校对工作。

朱文一

2010年4月6日
于北京清华园

创造羊城广州井

构想世界新地标

内容简介

城市地标是城市形象的重要体现。本书以羊城八景为线索，构想了"广州井"。160米深地下空间，创造了世界新地标。"广州井"与已建成的"广州塔"形成了广州城"东塔西井"独特的空间结构。本书适合于建筑学、城市规划学、景观学等学科领域的专业人士以及相关专业的爱好者。

图书在版编目(CIP)数据

广州井：广州白云文化中心城市设计构想/朱文一，商谦，李煜编著.

北京：清华大学出版社，2011.2

ISBN 978-7-302-24310-6

Ⅰ.广⋯ Ⅱ.①朱⋯ ②商⋯ ③李⋯ Ⅲ.①城市设计 – 建筑设计 – 广州市 Ⅳ.①TU984.265.1

中国版本图书馆CIP数据核字（2010）第253430号

责任编辑：徐晓飞　李　嫚
封面设计：朱文一
责任校对：刘玉霞
责任印制：孟凡玉

出版发行：清华大学出版社　　　　　　　　　　　地　　址：北京清华大学学研大厦 A座
　　　　　http://www.tup.com.cn　　　　　　　　邮　　编：100084
　　　　　社　总　机：010-62770175　　　　　　邮　　购：010-62786544
　　　　　投稿与读者服务：010-62776969, c-service@tup.tsinghua.edu.cn
　　　　　质　量　反　馈：010-62772015, zhiliang@tup.tsinghua.edu.cn
印　装　者：北京雅昌彩色印刷有限公司
经　　销：全国新华书店
开　　本：174×220　　　印　张：4.5　　　字　数：85千字
版　　次：2011年2月第1版　　　印　次：2011年2月第1次印刷
印　　数：1～1500
定　　价：38.00元

产品编号：040951-01